AF614319

SOCIÉTÉ HISTORIQUE,
ARCHÉOLOGIQUE ET SCIENTIFIQUE
DE SOISSONS.

RECHERCHES

DANS LES

SABLES TERTIAIRES

DES

ENVIRONS DE SOISSONS,

Par M. Ad. WATELET,

Officier d'Académie, Membre de plusieurs Sociétés
d'Histoire naturelle.

FASCICULE IV.

LAON.

IMPRIMERIE DE ÉD. FLEURY, RUE SÉRURIER, 22.

1856

SABLES TERTIAIRES

INFÉRIEURS

DU BASSIN DE PARIS.

Synonymie. Parmi tous les noms donnés aux terrains compris entre la craie et le calcaire grossier, dont nous faisons une étude spéciale, il en est quelques-uns qui rappellent tout un système.

Ainsi, pour M. Alcide d'Orbigny, c'est le 24ᵉ de ses 27 étages, qui ne contient, suivant cet auteur, aucun fossile analogue à ceux des terrains qui le recouvrent ou qui l'ont précédé. Le nom d'eocène imposé par M. Lyel à un système de couches dont celui qui nous occupe fait partie, indique que ce terrain ne renferme qu'une faible proportion des coquilles ayant leurs analogues dans les mers actuelles.

Les autres noms ne sont basés que sur des considérations minéralogiques ou n'indiquent que la position relative de ces terrains.

Etat de la science. Les savants ne sont pas encore parvenus à se mettre d'accord relativement à ces masses si considérables de sables. M. Alcide d'Orbigny les sépare complètement du calcaire pour en faire son terrain

Suessonien ; d'autres le rattachent au calcaire grossier et en font une dépendance. Les dissentiments sont nombreux relativement aux espèces analogues à celle du calcaire grossier, et les horizons fossilifères laissent encore des doutes chez la plus grande partie des naturalistes. Nous pensons que ces dissentiments proviennent de ce que les recherches n'ont été que superficielles et opérées sur un nombre trop restreint de localités.

Celles de Retheuil et de Cuise-Lamothe ont été pour ainsi dire épuisées, mais elles ne présentent qu'un point et qu'un horizon, et toutes les localités ne sont pas identiques. Outre les espèces différentes qu'on rencontre dans d'autres circonscriptions, on peut constater des différences considérables de stratifications qui méritent qu'on en tienne compte. A Laon, par exemple, plusieurs bancs fossilifères ont été signalés par M. Melleville dans la partie comprise entre les lignites et le calcaire. Cependant M. Graves, dans sa topographie géognostique du département de l'Oise, ne reconnaît qu'un horizon ; M. d'Archiac n'en mentionne explicitement qu'un aussi. Laon forme-t-il donc une exception, ou bien ces bancs à fossiles se retrouvent-ils sur plusieurs points du département de l'Aisne ? La solution de cette question nous paraît mériter quelque attention. Aucun fait ne doit-être dédaigné dans les sciences d'observation, quelque peu important qu'il paraisse d'abord.

Utilité de nouvelles observations. L'étude des fossiles dans les localités de Laon et des environs de Soissons a donné à la science une centaine d'espèces nouvelles C'est un résultat important, et cependant ces nouvelles découvertes sont dues à deux observations seulement ; si nos environs étaient exploités comme le sont les alentours de Paris, on pourrait espérer de très-utiles résultats, et on pourrait bientôt résoudre les principales questions qui divisent en ce moment les savants. Mais tant qu'on trouvera dans une grande proportion de nouveaux fossiles, il conviendra de surseoir à tout jugement définitif, et le mieux sera d'attendre que tous les éléments de la science soient connus.

Etablir la nomenclature des fossiles qu'on observe dans les différentes couches ; comparer la liste des localités ; faire une étude rigoureuse des différents bancs de cet étage ; enfin décrire minutieusement les différences que présentent les fossiles avec ceux des terrains plus anciens ou plus modernes, tels sont, ce nous semble, les moyens de parvenir à une unité de vue sur cette difficile partie de la science. Nous avons donné un essai de liste des fossiles qu'on a jusqu'à ce jour observés dans les environs de Laon et de Soissons ainsi qu'à Cuise-Lamothe et Retheuil. Tout le reste du travail est encore à faire.

De nouvelles observations élagueront de notre catalogue un certain nombre de fossiles, mais il faudra nécessairement y joindre un supplément, car de nouvelles découvertes se font tous les jours dans nos environs.

Les fouilles dans la belle localité d'Aizy apporteront des modifications assez importantes à notre catalogue ; car cette inépuisable mine offre de nombreux fossiles nouveaux et d'une importance véritable. M. Deshayes nous écrivait au sujet de la découverte de la rostellaria Geoffroyi, dont nous donnons plus loin la description, ces phrases remarquables : « Elle est la première de ce groupe des macroptères qui offre des tubercules sur la spire ; elle est une magnifique acquisition scientifique pour le bassin de Paris et particulièrement pour les sables du Soissonnais.... Continuez vos fouilles, vous trouverez probablement d'autres exemplaires et peut-être d'autres choses non moins nouvelles et non moins inattendues. »

But de cette notice. Nous nous proposons dans cette

notice de coordonner les observations faites relativement à la succession des différents bancs fossilifères, de comparer les diverses coupes qui ont été données sur ces terrains et d'en établir la concordance; nous démontrerons, nous l'espérons, l'existence de deux horizons fossilifères au moins entre les lignites et le calcaire grossier; enfin nous ajouterons la description de quelques coquilles signalées par nous dans ce deuxième horizon que nous proposons de désigner sous le nom d'horizon d'Aizy.

Voici les coupes données par M. d'Archiac dans sa description géologique du département de l'Aisne :

1. Coupe de l'ancienne voie romaine, derrière Pasly.

De haut en bas.

	m	
1. Calcaire grossier avec cerithium giganteum.	»	»
2. Calcaire grossier avec dentalium strangulatum, orbitolites complanata, etc	»	»
3. Banc de nummulina lævigata.	»	»
4. Glauconie grossière, peu épaisse	»	»
5. Glaise et niveau d'eau.	»	»
6. Sables glauconieux	»	»
7. Banc coquillier avec rognons endurcis. . . .	1	50
8. Grès friables jaunâtres.	6	»
9. Bancs solides et arénacés avec de nombreuses veines de quartz renfermant des empreintes de nummulina planulata.	2	»
10. Sables glauconieux.	1	»
11. Sables inférieurs jaunâtres micacés, avec de petites veines de quartz concrétionné coupant la masse dans différents sens.	»	»

2. Coupe dans le chemin de Clamecy à Bray.

1. Calcaire grossier supérieur fissile.	2	»

2. Calcaire grossier moyen avec cerithium giganteum. . . . . 2 »
3. Calcaire grossier avec dentalium strangulatum, ostrea flabellula. . . . . 2 »
4. Banc de nummulina lævigata. . . . . 1 »
5. Glauconie grossière . . . . 2 »
6. Glaises grises impures. . . . . 2 »
7. Sable glauconieux quelquefois panaché de rouge et faiblement agrégé par places. . . 6 »
8. Lits coquilliers . . . . 4 »
9. Sables inférieurs glauconieux et ferrugineux jusqu'au pied de la colline. . . . . » »

3. Coupe entre Mercin et le faubourg St-Christophe.

1. Banc de nummulina lævigata. . . . . 1 »
2. Glauconie grossière, composée de plusieurs bancs alternativement solides et friables. . 5 »
3. Banc de sable; la glaise manque. . . . . . . 5 »
4. Lit de sable très-glauconieux . . . . » 20
5. Lit formé de nummulina planulata avec des moules de fossiles silicifiés. . . . . » 20
6. Glauconie très-verte. . . . . 6 »
7. Sable coquillier avec turritella imbricataria, Ver. B. Neritina conoidea, etc. . . . . . . 1 »
8. Sables inférieurs reposant sur les lignites. . 11 »

La coupe 2e est fort remarquable en ce qu'elle indique deux lits qui renferment des fossiles et séparés par 10 mètres de sable; ce sont les nos 4 et 8.

La 1re coupe cite un fait semblable et donne 6 mètres d'intervalle; ils portent les nos 7 et 9. La 3e n'en cite qu'un, mais elle n'est pas complète, puisque, au-dessous du lit coquillier portant le no 8, le reste n'est pas détaillé.

On doit aussi remarquer que l'épaisseur des lits coquilliers ne se présente pas toujours la même; elle varie entre 0m 20c et 4m.

Coupe donnée par M. Melleville pour la montagne de Laon dans son mémoire sur les sables tertiaires inférieurs du bassin de Paris.

M. Melleville divise les sables inférieurs en trois étages ainsi qu'il suit, de bas en haut :

1er ÉTAGE.

Cet étage a de 30 à 35 mètres de puissance et ne renferme de fossiles que dans quelques localités : ce sont les sables dits de Bracheux.

2e ÉTAGE.

Il se divise en plusieurs bancs.

Banc n° 1. Sable violet micacé sans fossile . . . » 40
Banc n° 2. Argile sableuse sans fossile 2 65
Banc n° 3. Sables blancs ou jaunes avec des nids de coquilles. . . . . 6 »
Banc n° 4. Marnes grises sans fossile. 0 35
Banc n° 5. Sables micacés, veines nombreuses de sables verts, nids de coquilles méconnaissables. . . . . 5 »
Banc n° 6. Sables blancs micacés avec banc d'huitres (ostrea rarilamella. Mell) avec quelques autres coquilles . . . . 7 »
Banc n° 7. Sable fin micacé argileux renfermant l'ostrea flabellula 6 35
Banc n° 8. Sable blanc micacé renfermant dans le haut quelques fossiles. . . . . 2 »
Banc n° 9. Sables blancs et verdâtres un peu

argileux, contenant un assez grand nombre de fossiles. 2 50

Banc n° 10. Sables verts glauconieux sans fossile, environ . . . . 2 »

Banc n° 11. Ce banc se montre sur des points forts éloignés et contient de nombreux fossiles . . . . 6 »

3e ÉTAGE.

D'une puissance de 15 ou 18 mètres ; non fossilifère.

En examinant avec attention cette liste de bancs, on remarque un fait auquel on n'a pas ajouté assez d'importance, c'est que les sables de la montagne de Laon renferment plusieurs horizons fossilifères. Ce sont notamment les bancs nos 6, 9 et 11. Aucun auteur ne paraît en avoir tenu compte. M. d'Archiac ne donne qu'une seule liste de fossiles sans rappeler qu'ils peuvent venir de plusieurs horizons différents. M. Graves n'en signale qu'un ; en effet, pour lui la glauconie inférieure commence à la craie pour finir au banc d'ostrea bellovacina ; la glauconie moyenne continue la série et a pour limite le banc fossilifère de Cuise-Lamothe ; enfin vient au-dessus la glauconie supérieure qui se confond au contact avec le calcaire grossier.

Nous admettons les bancs fossilifères nos 9 et 11 de M. Melleville. Quant à celui qui porte le no 6, il est nécessaire d'en faire une nouvelle étude pour savoir exactement à quel horizon du Soissonnais on doit le rapporter.

Comparaison des Coupes.

En comparant attentivement les coupes, on trouve les résultats suivants :

1° M. Melleville compte pour son troisième étage environ 15 ou 18 mètres. Nous avons toujours trouvé comme M. d'Archiac 10 ou 12 mètres de la base du calcaire au niveau supérieur du banc de Mercin.

Les horizons nous portent donc à considérer le banc n° 11 de M. Melleville comme identique à celui de Mercin; la liste de fossiles ne nous paraît pas différer considérablement, et les espèces en plus ou en moins qu'on y remarque tiennent à la différence de localité.

2° Du niveau supérieur du banc n° 11 au même niveau du banc n° 9, M. Melleville compte 8 mètres. En évaluant de la même manière, on trouve 6 mètres dans sa coupe 1 et 10 mètres dans la coupe 2 de M. d'Archiac. Nos mesures nous ont donné à peu près la même chose à Aizy et en d'autres lieux. En concluant de même, le banc inférieur d'Aizy correspond au banc n° 9 de M. Melleville et au 2e banc signalé dans les coupes de M. d'Archiac.

3° Les mesures prises de la même manière porteraient à cette conclusion que le banc n° 7 de M. Melleville qui contient en si grande abondance l'espèce remarquable d'huître (ostrea raritamella), remplace le banc à ostrea bellovacina; nous réservons cependant cette question, car plusieurs observations semblent la compliquer singulièrement.

Etablissement d'un deuxième horizon fossilifère dans les sables inférieurs du Soissonnais. L'existence du deuxième horizon fossilifère est manifeste.

Déjà il a été constaté implicitement par M. d'Archiac, puisqu'il signale dans les *sables inférieurs proprement*, « près de Monampteuil, au-dessus de Mailly, de Bruyères, » un lit coquillier où abonde particulièrement le pec- » tunculus depressus, Var. » qu'il rapporte cependant avec doute à cette espèce; sa position est certainement inférieure au premier lit coquillier dont cet auteur a donné la liste de fossile.

M. d'Archiac assimile ce banc à celui qu'on rencontre à Laon avec l'ostrea raritamella ; on peut douter de la justesse du rapprochement parce que l'horizon d'Aizy contient aussi en abondance le pectunculus dont il est parlé.

Cependant on peut donner la preuve directe de l'existence du deuxième horizon ; la localité d'Aizy que nous décrirons plus loin montre en effet deux lits de coquilles superposés et séparés par une épaisseur assez considérable de sable qui n'offre aucun débris organique. Les observations de M. Melleville à Laon, et le fait indiqué par M. d'Archiac, prouvent que ce n'est pas un fait isolé.

Il est fort remarquable que, dans le banc d'Aizy, on retrouve toutes les belles espèces que M. Melleville a signalées dans son banc n° 9. L'identité de ces deux bancs repose donc sur les mesures de hauteurs qui sont identiques et sur la similitude des espèces qu'on n'a point encore signalées dans les bancs supérieurs et qui peuvent être considérées comme caractéristiques.

Voilà un fragment de liste des fossiles qu'on rencontre dans ce banc.

Dentalium, nov. sp. Cette espèce non encore signalée et assez commune, est petite, courbée assez fortement, et renflée vers le milieu.

Umbrella laudunensis. Mell. Cette espèce n'est pas absolument rare à Aizy ; souvent elle est dédoublée, alors l'impression musculaire est à peine indiquée à l'intérieur. Nous pensons que l'échantillon qu'a fait figurer M. Melleville, était dans ce cas. Nous en possédons de beaux individus et bien complets.

Scalaria monilifer. Mell. Assez rare.

Natica.... Cette grosse espèce qui n'a pas moins de 55 millimètres de hauteur et de largeur, se rapproche de la natica patula ; cependant elle en diffère par la callosité, l'ombilic et le bord droit qui ne s'épaissit jamais et quelques autres bons caractères. Elle formera probablement une espèce distincte.

Phasianella nov. sp. Cette belle espèce assez commune est élégamment striée transversalement.

Turritella imbricataria. Var. Elle est extrêmement commune et la variété unique qu'on rencontre n'est pas identique à celle du banc supérieur.

Turritella perforata. Assez commune ; elle atteint une dimension double de celle qui lui est assignée dans les individus provenant du calcaire grossier.

Turritella. Autre espèce qui paraît nouvelle ; les tours assez globuleux sont couverts de stries granuleuses.

Turritella abbreviata. Cette espèce se rencontre par myriades à Aizy. Elle nous paraît différer de celle du calcaire grossier par sa taille qui est toujours plus petite, par sa suture plus profonde et par les tours inférieurs qui paraissent toujours lisses. Elle se montre aussi dans le banc supérieur, mais elle y est rare.

Cerithium gibbosulum. Mell. Les individus innombrables qu'on observe forment une partie notable de la masse sableuse.

Pleurotoma. Un grand nombre d'espèces dont plusieurs inédites sont particulières à cet horizon.

Cancellaria angusta. Nobis. Assez commune et dans un bel état de conservation. Nous avons fait dessiner cette espèce sur un échantillon silicifié et brisé, qui alors était unique.

Rostellaria lævigata. Mell. Assez commune. Les individus que nous possédons nous permettent de rectifier par la description, la figure de M. Melleville qui ne possède que des échantillons incomplets. La différence consiste dans l'existence du sinus caractéristique assez profond qu'on remarque auprès du bec court et fin qui termine inférieurement cette belle coquille.

Rostellaria Deshayesi. Nobis. Cette charmante espèce non encore figurée, très-commune à Aizy est très-fragile. Cette coquille est fort étroite, allongée, turriculée et terminée à sa base par un bec long et fin comme une aiguille qui forme plus du tiers de la longueur de la coquille. Ces caractères la font distinguer immédiatement de ses congénères. La surface est couverte de petites côtes un peu aigües, régulières et interrompues par des varices peu fortes, excepté sur le dernier tour où elle est beaucoup plus considérable. Des stries transverses, nombreuses, fines et régulières couvrent toute la surface de cette coquille et s'entrecroisent sur le dernier tour avec des stries longitudinales qui y remplacent les côtes.

L'aile très-peu étendue est subquadrilatère ; le bord gauche forme une saillie sur sa columelle qui est à peine arquée ; le bord droit est épaissi et se renverse légèrement. L'ouverture est médiocrement grande et se continue inférieurement en un canal étroit jusqu'à la pointe du bec.

Rostellaria Geoffroyi. Nobis. Planches 1 et 2. Nous avons dédié cette magnifique espèce à l'éminent naturaliste M. I. Geoffroy St-Hilaire comme témoignage de notre reconnaissance particulière; cette grande coquille qui rivalise pour sa taille avec la R. macroptera, est assez variable dans quelques détails de sa forme et est composée supérieurement d'une spire assez élevée, et inférieurement d'une partie conique terminée par un bec fort long, grèle et muni d'un canal superficiel. Le sommet, quand il est visible, comme dans quelques-uns de nos échantillons, est pointu, mais le plus souvent il est engagé dans une callosité assez extraordinaire, qui forme comme une dépendance de l'aile très-ample dont cette curieuse coquille est munie. On compte sur la surface dorsale de la spire sept ou huit tours couverts de côtes nombreuses et assez saillantes, souvent à peine visibles parce qu'elles sont empâtées par un vernis qui couvre toute la surface et dissimule la suture qui n'est visible que dans les jeunes individus. Cette suture simple sépare des tours à peine convexes, dont le dernier présente à son origine trois gros tubercules quelquefois arrondis et mousses, mais souvent plus saillants et coniques. Le reste est lisse et ne laisse apercevoir que de faibles stries d'accroissement. La partie ventrale de la spire et le dernier tour sont lisses aussi et ne montrent ni côtes ni tubercules. L'ouverture, relativement assez petite, déprimée et oblique, se termine supérieurement par un canal qui se prolonge jusqu'au sommet et sépare l'appendice calleux de la partie adhérente à l'aile. La columelle est presque droite et on remarque vers la gauche et en dehors une très-forte callosité qui rend cette coquille un peu bossue. Souvent l'aile ne remonte pas aussi haut, alors la callosité du sommet est plus allongée et il se forme un bourrelet qui borde le canal supérieur. — Quelques individus atteignent les dimensions de la figure.

Les conchifères fournissent aussi un assez bon nombre d'espèces remarquables et inédites parmi lesquelles nous citerons les suivantes :

Solen ; probablement deux espèces, dont l'une a 130 millimètres de longueur sur 20, et l'autre de dimensions moindres.

Panopea, belle espèce de 120 à 135 millimètres de largeur, à laquelle M. Deshayes a attaché notre nom.

Crassatella propinqua. Nobis. Elle est très-commune à Aizy et dans d'autres localités du même horizon.

Lucina. Plusieurs espèces assez grandes qui paraissent jusqu'à présent inédites.

Neæra Wateleti Desh. Charmante petite espèce encore inédite.

Cytherea suessonensis. Nobis. Espèce non moins commune que quelques autres citées plus haut.

Cardium ; une espèce voisine du semi granulosum, et qui atteint avec une grande ténuité de test 70 millimètres de long et de large. Cette espèce se retrouve, mais rarement et de dimension moindre, dans l'horizon supérieur.

Pectunculus ovatus. Nobis. C'est aussi par bancs qu'on trouve les pétoncles. Cette espèce varie dans ses formes d'une manière fort remarquable. En considérant les extrêmes séparément, on serait tenté de faire de nombreuses coupes génériques ; mais on trouve des intermédiaires. Nous ne serions pas étonné cependant que nonobstant les nôtres, une ou deux nouvelles ne soient par la suite reconnues nécessaires.

Pectunculus tenuis. Nobis. Cette espèce reste constamment différente et n'offre pas de passage. La charnière très-étroite est d'ailleurs fort différente ; la coquille est moins profonde et le test beaucoup plus mince. L'échantillon que nous avons fait figurer est jeune ; ce pétoncle atteint des dimensions triples au moins.

Arca. Une espèce qui paraît nouvelle ; assez peu commune.

Modiola tenuistriata. Mell. ; assez rare.

Avicula fragilis. Cette espèce commune nous semble différente de l'espèce du calcaire grossier. La charnière droite porte une série de petits enfoncements régulièrement espacés. La surface extérieure non nacrée présente, lorsque les individus sont bien conservés, ce qui est rare, des côtes saillantes granuleuses coupées par des stries, et qui forment un treillis fort élégant.

Probablement que cette avicule constituera une espèce distincte.

Pecten squamula. Espèce assez commune dans le banc d'Aizy.

On trouve aussi une espèce d'échinoderme, probablement un Eupatagus, dont le test est dans toute son épaisseur combiné avec un sable très-fin. Les ambulacres sont à peine visibles à cause de cette circonstance insolite.

Une grande quantité d'autres espèces se rencontre dans les bancs de cet horizon, mais sont aussi communes au banc de Cuise-Lamothe, Mercin, etc.

Cette liste, dans notre opinion, caractérise suffisamment un horizon nouveau et peu exploité. M. Melleville l'a vu à Laon et nous à Aizy et dans quelques autres localités. M. Deshayes les a cependant visitées avec nous.

Nous sommes persuadé qu'il reste encore beaucoup à découvrir. De nombreux fragments d'espèces qui nous sont inconnues dans les sables inférieurs témoignent assez des richesses que des recherches persévérantes mettront au jour.

Description de la localité d'Aizy. — Entre les deux villages d'Aizy et de Jouy, sur le bord gauche de la route conduisant de Vailly à l'Ange-Gardien, on voit un talus où les personnes les plus indifférentes aux faits géologiques remarquent avec étonnement un lit de coquilles de deux à trois décimètres d'épaisseur, qui se continue pendant 50 mètres au moins. Ce fait nous ayant été rapporté par des personnes étrangères à la science, nous nous y sommes transporté, et nous avons trouvé la plus riche localité du Soissonnais où les fossiles sont pour ainsi dire stratifiés dans un certain ordre.

Au niveau de la route est un riche dépôt de coquilles; on y rencontre une centaine d'espèces différentes, et en moins de deux heures on peut en rassembler les 4/5 de ce nombre.

Au-dessus, on rencontre un lit de pétoncles d'espèces diverses et fort variables. Dans la couche supérieure, le sable est rempli d'une quantité prodigieuse de turritella hybrida de grande taille, mais assez fragiles. Enfin au-dessus est le lit de Venericardia, qui sont serrées les unes contre les autres et presque sans mélange d'aucune autre espèce. C'est ce lit qui attire les regards.

Ce magnifique banc fossilifère a au moins 5 mètres de puissance, encore le bas n'est-il pas accessible puisqu'il s'enfonce au-dessous du niveau de la route, ce qui fait que son épaisseur entière n'a pas été déterminée. Il est, ainsi que nous l'avons dit, recouvert d'un banc de sable sans fossiles d'une puissance assez considérable, qui le sépare d'un lit de fossiles analogues en tout point à ceux de Mercin. C'est dans un petit bois qui domine la route qu'on trouve cet affleurement supérieur au banc d'Aizy.

Bancs de Sermoise et de Vauxbuin. — Nous connaissions depuis longtemps une partie des fossiles qu'on trouve à Aizy; les localités de Sermoise et de Vauxbuin nous les avaient déjà offerts; mais ces deux localités sont ou en plaine ou éloignées des points de comparaison. Il nous avait donc eté impossible d'établir comme positive l'existence d'un deuxième horizon fossilifère que nous soupçonnions depuis quelques années. La découverte de la localité d'Aizy a mis ce fait en lumière. L'identité des fossiles de Sermoise, de Vauxbuin et d'Aizy, localités assez éloignées les unes des autres, est incontestable. Cependant les circonstances locales sont différentes. Dans les deux premières les fossiles sont toujours silicifiés.

Banc de Cœuvres. — Nous avons visité à Cœuvres, sur les indications de M. Deshayes, un gisement qui renferme en grande abondance l'ostrea rarilamella Mell. et quelques autres coquilles qu'on voit aussi dans le banc d'Aizy. On y remarque le Rostellaria lævigata, qui atteint dans cette localité une très-grande taille; un des échantillons que nous possédons devait avoir 80 millimètres de longueur sur 30 centimètres de largeur. Cependant les pétoncles forment avec l'huître la plus grande partie des fossiles et varient d'une manière plus extraordinaire encore qu'à Aizy, où les formes sont cependant très-nombreuses. Il nous semble qu'ils ne pourront pas rentrer tous dans l'une des trois espèces que nous avons proposées et qui sont propres à l'horizon d'Aizy. — Le banc de Cœuvres, quoique nous ne l'ayons observé qu'en plaine, est très-certainement inférieur et de beaucoup à l'horizon de Mercin et Cuise-Lamothe. La comparaison est facile, parce que, à Laversine, on trouve un beau gisement analogue à Mercin, et le banc de Cœuvres se poursuit jusqu'au pied de la montagne de Laversine. Doit-on assimiler Cœuvres à Aizy, ou bien faut-il le considérer comme formant avec Laon un troisième horizon, ou bien encore ce banc est-il le remplaçant de celui qui contient l'Ostrea bellovacina. Rien encore ne peut décider cette question ; de nouvelles observations sont indispensables. Il faut noter que les Nummulites se montrent à Laon avec l'Ostrea rarilamella, tandis qu'à Cœuvres on ne peut en constater la présence ; elles font défaut. Quoi qu'il en soit, l'Ostrea rarilamella est à Cœuvres et à Laon d'une fragilité qui nous a étonné, parce que cette grande coquille est fort épaisse. A Cœuvres, sa fragilité est telle que nous n'avons pu qu'à grande peine nous procurer qu'un seul échantillon complet, quoique nous en ayons vu au moins cinquante. Cela tient à une contexture particulière à cette espèce. Le test de cette coquille est formé par des lames fort minces, très-écartées les unes des autres et au nombre de cinq ou six ; l'espace compris entre ces lames est rempli par un tissu formé de cellules confusément hexagonales et dont les parois perpendiculaires aux lames sont d'une ténuité telle que sa coquille n'a aucune solidité et qu'elle se brise dans les mains par son propre poids lorsqu'on la tient par un bout.

Il nous resterait à parler du banc de Sinceny décrit par MM. Hébert et Lambert. Est-ce un banc distinct, comme le pense M. Deshayes; faut-il le considérer comme formé par le mélange de fossiles de plusieurs bancs?

Nous le répétons, les observations d'ensemble sont encore à faire. Laon a été étudié par MM. d'Archiac et Melleville; Cuise-Lamothe par plusieurs géologues et particulièrement par M. Lévêque; le Soissonnais n'a presque pas été vu. Cependant il occupe une position géographique intermédiaire entre Cuise-Lamothe et Laon, et son étude peut jeter un grand jour sur l'ensemble des couches des sables inférieurs.

Ce qui jusqu'à présent nous paraît certain, c'est l'existence d'un horizon parfaitement caractérisé tant par les fossiles que par sa position, et que nous avons désigné sous le nom d'horizon d'Aizy.

Laon. Éd Fleury, imprimeur.

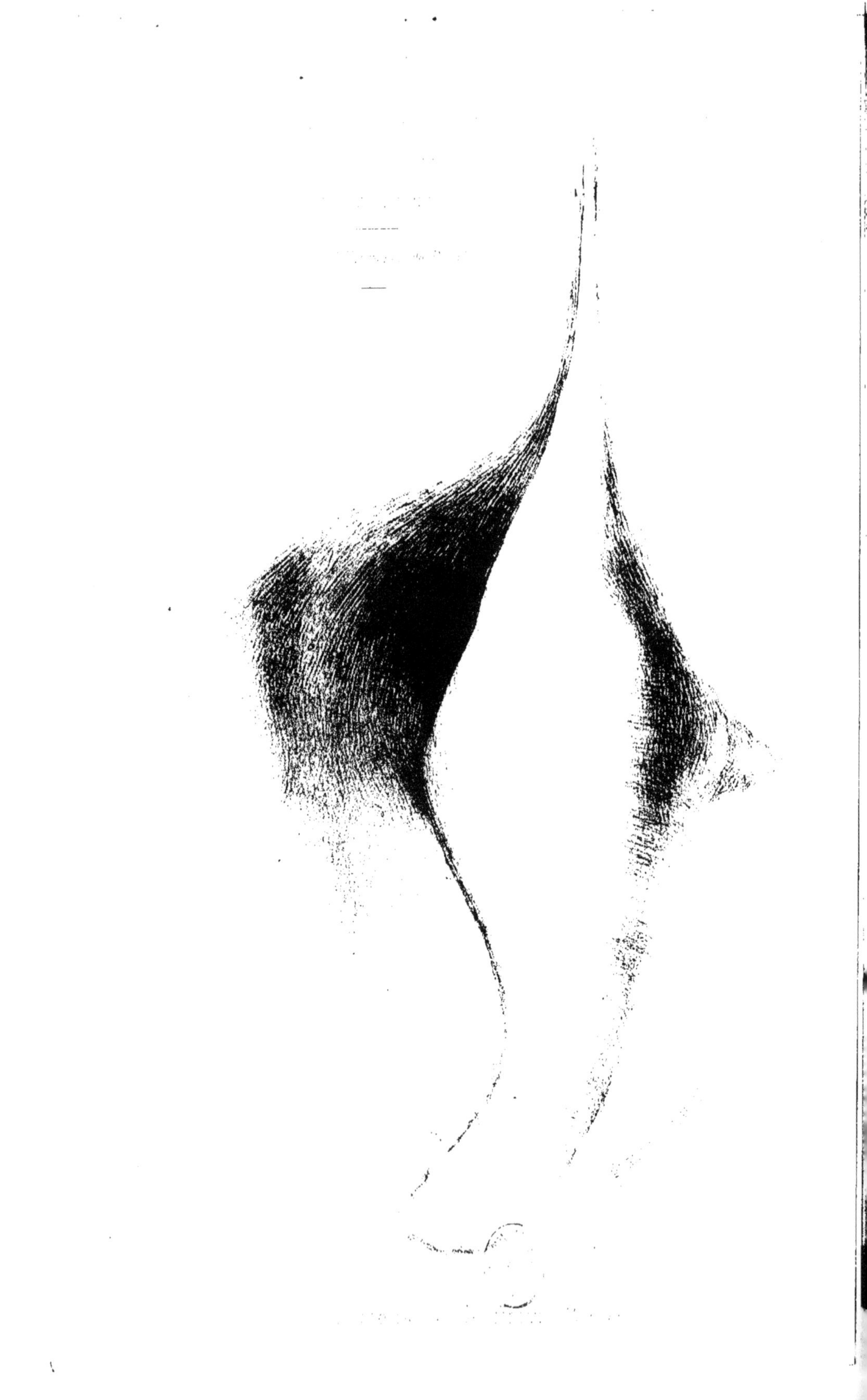

DE SOISSONS

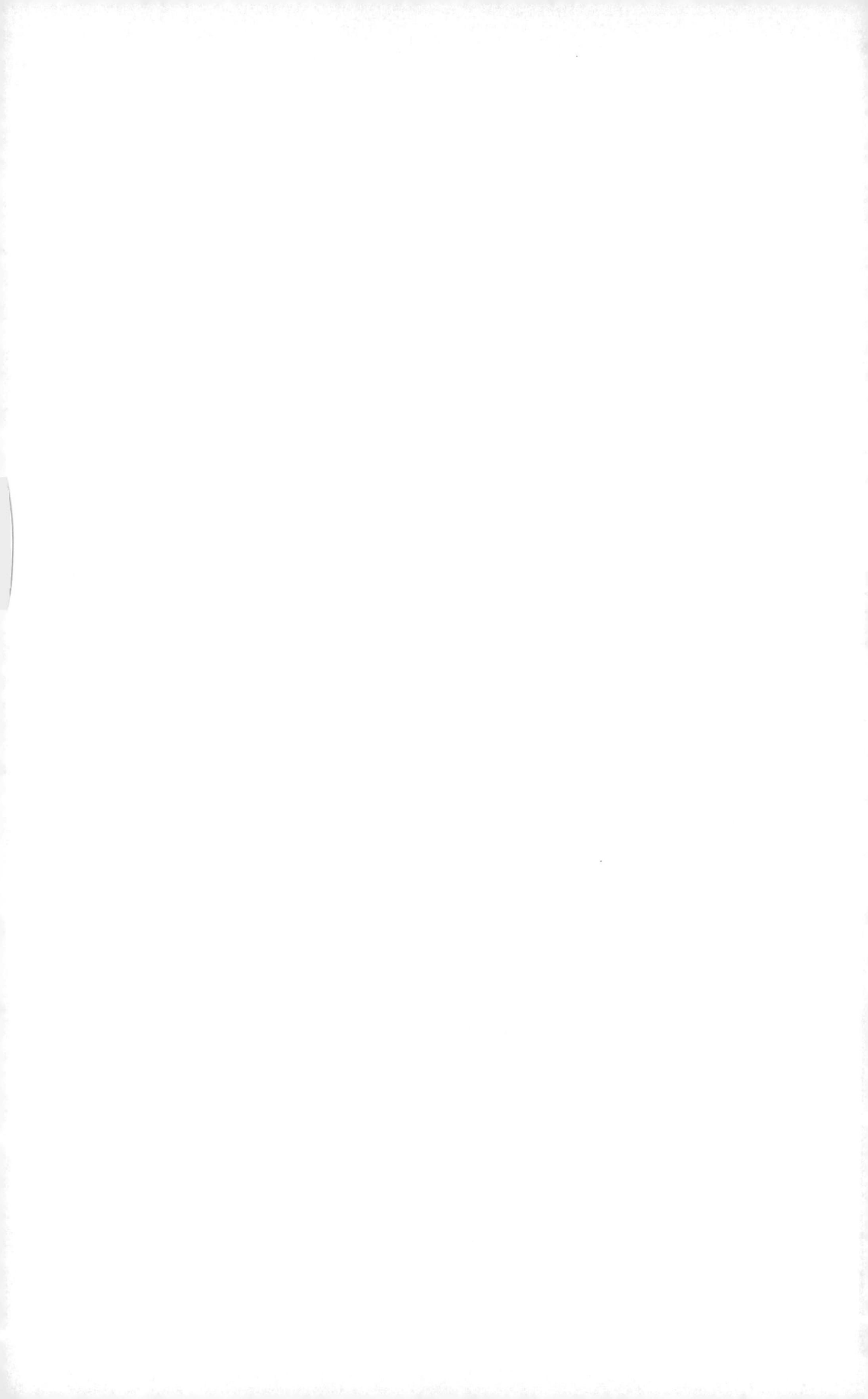

www.ingramcontent.com/pod-product-compliance
Ingram Content Group UK Ltd.
Pitfield, Milton Keynes, MK11 3LW, UK
UKHW021928190726
13853UKWH00002B/911